奇趣真相：自然科学大图鉴

太阳系

[英]简·沃克◎著

[英]安·汤普森　贾斯汀·皮克　大卫·马歇尔　等◎绘

蒋慧◎译

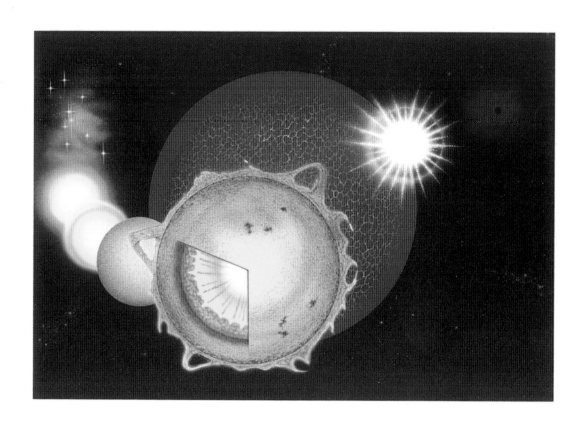

中国人口出版社
China Population Publishing House
全国百佳出版单位

前　言

　　你知道吗？地球是围绕太阳旋转的八大行星之一，这些行星和其他围绕太阳旋转的天体一起组成了太阳系。通过阅读本书，你将了解到许多有关太阳和行星的有趣知识，还会了解流星、卫星，以及其他你能在夜空中看到的星体。你还可以根据本书的提示，做一些有趣的小实验。另外，你还可以完成一些关于太阳系知识的小测验，通过一系列的小活动，了解更多关于太阳系的奇趣真相。

目 录

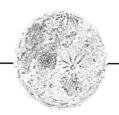

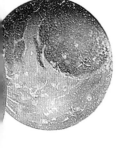

太阳系的起源

太阳系开始形成于大约50亿年前。首先出现在太阳系的是太阳，然后出现的是其他行星。宇宙中首先出现的是由飘浮的尘埃和气体构成的巨大分子云，分子云内部变得越来越紧密，体积也变得越来越小。分子云在向内收缩的过程中，变得越来越热，越来越亮，最后就形成了太阳。

星系

星系又称宇宙岛，是由无数恒星和尘埃等组成的运行系统。银河系就是一个星系，它是一个银白色环带状的棒旋星系。太阳系只是银河系中很小的一部分，距离银河系的中心大约有2.6万光年。在高倍望远镜的帮助下，科学家们发现了太空中的其他数百万个星系。

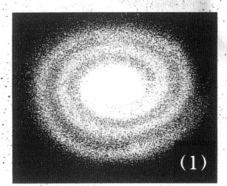
(1)

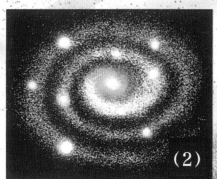
(2)

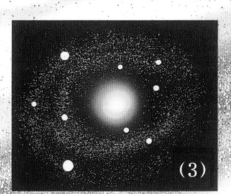
(3)

太阳系的形成过程

（1）由气体和尘埃组成的巨大旋涡状云团在太空中旋转。

（2）云团旋转速度加快，内部不断收缩，岩石和尘埃的碎片向中心聚集，形成了一个闪亮的炽热球体——太阳。

（3）在新形成的太阳周围，仍然环绕着数不清的尘埃和气体。

（4）经过数百万年的时间，环状圈层中的气体和尘埃结合在一起，最终形成了行星。

银河系

银河系的形成时间比太阳系的形成时间要早得多，它的演化历史大概是太阳系演化历史的 3 倍之久。从侧面看，银河系像一个扁平的圆盘，中间是明亮而又密集的银心。如果你俯视银河系，会发现它就像一个螺旋。太阳系是银河系的一部分，图中的红色三角形标记出了太阳系的具体位置。在晴朗的黑夜里，你抬头也许就能看到划过天空的一道微弱白光，那也是银河系的一部分。

太阳系中的行星都围绕太阳公转，方向一致，而且几乎全都运行在同一平面的椭圆轨道里。

（4）

什么是太阳系?

水星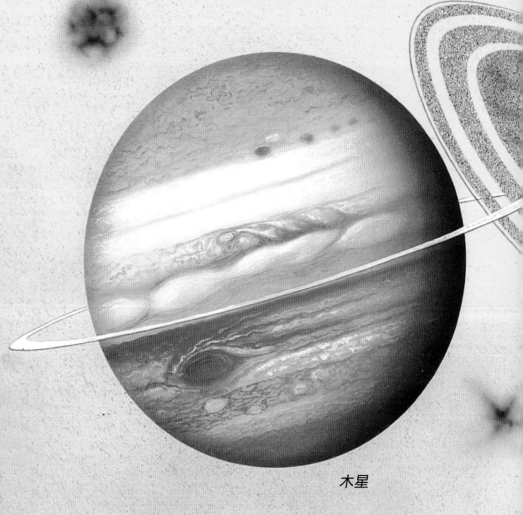

金星

地球

火星

太阳系以太阳为中心，包含所有受太阳引力约束的天体。太阳系中有八大行星，它们都沿着特定的轨道围绕太阳旋转。太阳系的形状像一个巨大的扁平圆盘，直径超过 120 亿千米。其他体积较小的天体，比如卫星、小行星、尘埃和岩石等，也都是太阳系的一部分。

行星

除太阳外，太阳系中体积最大的天体就是八大行星。按照距离太阳由近及远的顺序来看，这八大行星分别是水星、金星、地球、火星、木星、土星、天王星和海王星。虽然水星距离太阳最近，但两者之间的距离仍有 5800 万千米。冥王星虽然也围绕太阳旋转，但它不是行星，而是矮行星。

木星

和太阳体积差不多大的恒星，会在形成 100 亿年的时候开始膨胀，最终变成红巨星。

制作"太阳系"

观察右边行星的形状和体积，将它们描摹到硬纸板上，并将这些行星剪切下来。然后拿出一张更大的半圆形硬纸卡片，把它贴在衣架上，作为太阳。给太阳和行星分别涂上相应的颜色。根据行星距离太阳的远近，给它们系上不同长度的棉线。记住，每根棉线的两端分别是太阳和行星，棉线最长的连接海王星，棉线最短的连接水星。

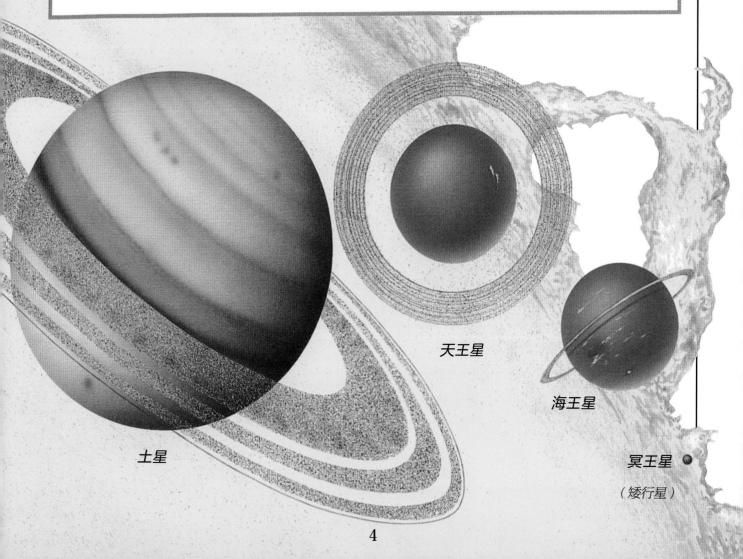

天王星

海王星

土星

冥王星

（矮行星）

太阳

太阳是一个巨大而炽热的气体星球，球体中心的温度高达 1500 万摄氏度。太阳是太阳系中体积最大的天体，比其他行星的体积大得多。太阳还会持续释放巨大的能量，其中一些能量以光能和热能的形式传播到地球。

太阳的主要化学成分是氢和氦。

太阳能

太阳由太空中的尘埃和气体聚合而成，在它的中心，数百万吨氢元素源源不断地转化为氦元素，氦元素通过核聚变产生巨大的能量，并释放到太空中。

白矮星

太阳会逐渐
演变成红巨星。

太阳的消失

大约 50 亿年后，太阳的外层大气会膨胀到最大体积，且温度越来越低，这个时候的太阳就变成了红巨星。然后，外层大气逐渐消散，只留下一个小小的核心部分，这个时候的太阳就变成了白矮星。

日晷

日晷是我国古代的一个计时仪器。你可以尝试自己动手做一个简单的日晷。首先拿出一张大的圆形卡片，其次在圆形卡片的中间堆一些黏土，最后在黏土中间插上一支铅笔。这样，你的简易日晷就做成了！然后，把日晷放到有阳光的地方，每经过 1 个小时，用铅笔在落下阴影的地方做好标记。

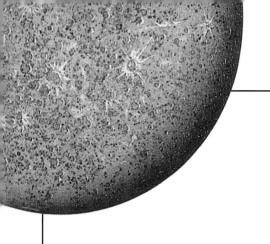

内行星

内行星是指距离太阳最近的四大行星，包括水星、金星、地球和火星。它们也被称为陆地行星，因为这些行星一般由岩石和金属物质构成。尽管内行星的大小各不相同，但它们比土星和木星等气体行星的体积要小得多。

水星

水星是距离太阳最近的行星。水星被太阳的光和热笼罩着，表面遍布尘埃和岩石，没有水和空气。

金星

金星上的大气主要由二氧化碳构成，周围覆盖着浓密的硫酸云团。金星表面有70%平原，20%高地，10%低地，且分布着不少小型活火山和长长的裂缝。

从太空中望向地球，可以看出地球是一个蓝色的球体，周围盘旋着白色的云团。

火星

火星表面覆盖着红色的岩石和尘埃。透过望远镜，你会看到火星顶部和底部的白色斑块，这些就是火星上的极地冰帽，就像地球的南极和北极一样。火星上遍布沙丘，还有一些巨大的死火山。

地球

地球是太阳系中唯一的已知有生命存在的星球。地球上有液态的水、可以呼吸的空气和适宜的温度，所以生物可以存活下来。除地球外，太阳系中没有其他行星能够同时具备这3个条件。

外星人

你觉得太阳系之外有生命存在吗？你认为外太空的生物会是什么样子的呢？地球之外可能也有生命体存在，我们把这些生命体统称为外星人。电影和书籍中已经出现了不少虚构的外星人形象，你可以查阅一些资料，加深这方面的了解，然后画出你心目中的外星人的样子吧！

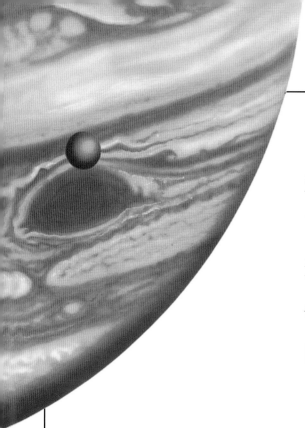

巨大的行星

　　木星和土星是太阳系中体积最大、旋转速度最快的两个行星。它们的旋转速度太快了，因此变成了扁球体的形状，且在赤道附近形成了明显的凸起。木星和土星都是由液体和气体构成的巨大天体，它们的表面没有固定的陆地，所以宇宙飞船一般无法着陆。

木星

　　木星的体积十分巨大，它所包含的物质比太阳系中其他所有行星包含的物质加起来都要多。木星的大气中布满了稠密而活跃的云系，云层像波浪一样激烈翻腾，容易形成乱流和风暴，因此表面呈现出红、褐、白等五彩缤纷的条纹图案。其中，位于南纬23度的大红斑就是一团激烈上升的深褐色气流。

木星上的大红斑以逆时针的方向转动。

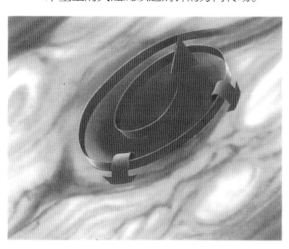

土星外围有一个特别的幽亮冰环，主要成分是冰的微粒和无数尘埃。

土星

土星也是一个巨大的气体星球，上层大气中也有显而易见的条纹图案，北极点的上方有一个特殊而持续存在的六角形风暴。土星有众多卫星，其中体积最大的是土卫六，即泰坦星，这颗卫星的体积甚至比水星还要大一些。

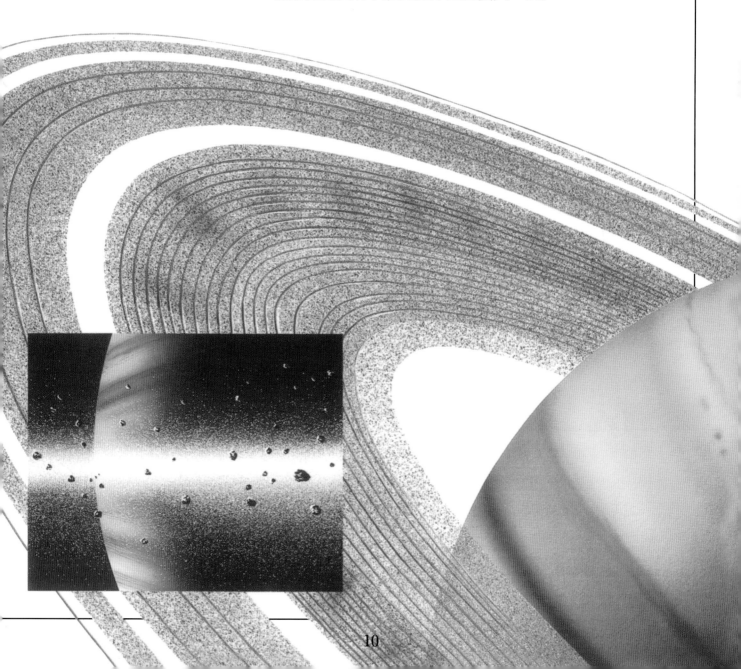

外行星

天王星和海王星是太阳系中距离太阳最远的两大行星，它们也是由气体组成的巨大球体。很久以前，冥王星被视为太阳系的第九大行星。这颗星球也是由气体构成的，但是它距离太阳太远了，所以温度非常低，气体都被冻结了。后来，国际天文联合会重新定义了行星的概念，冥王星于 2006 年正式被排除出行星的范围，划分到了矮行星的行列中。

旅行者 2 号探测器发现了围绕天王星的 11 条光环。

欧贝隆，即天卫四

泰坦尼亚，即天卫三

天王星

天王星是于 1781 年被英国天文学家威廉·赫歇尔爵士发现的。天王星的体积比海王星大，质量比海王星小，以几乎横躺的方式围绕太阳旋转。天王星的内核是岩石，地幔由甲烷和冰组成，大气的主要成分是氢和氦。由于外层大气对红光的吸收，整个星球的外表呈现出蓝色。已知天王星有 27 颗天然卫星。

帕克，即天卫十五

著名的天文学家

古希腊天文学家托勒密认为，太阳和其他行星围绕地球旋转，地球是宇宙的中心。1543 年，波兰天文学家哥白尼提出了反对意见，他认为地球不是宇宙的中心，太阳才是。1609 年，意大利天文学家伽利略发明了第一台天文望远镜。

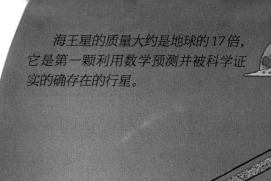

海王星

　　海王星也是一颗蓝色星球。和木星一样，海王星的表面也有强烈的风暴。旅行者2号探测器在海王星的南半球发现了大黑斑，还发现了围绕行星飞行的不规则小团白色烟雾。

特里同是古希腊神话中的海洋信使，也是海王星的最大卫星的名字。

冥王星

冥王星

　　冥王星是于1930年被美国天文学家克莱德·汤博发现的。一开始，人们认为它是一颗行星，但实际上它只是一颗围绕太阳旋转的矮行星。它的公转轨道和海王星的公转轨道有交叉的部分，但两颗星球却永远不会相撞。冥王星公转一圈大约要花247年，比地球的公转速度慢得多。

卫星

卫星是指围绕行星运转的天体，一般是指天然卫星。太阳系中有数百颗卫星，科学家们研究最为深入的是月球，即地球的卫星。水星和金星没有卫星，土星有 82 颗卫星，木星有 79 颗卫星，天王星有 27 颗卫星，海王星有 14 颗卫星，火星有 2 颗卫星。地球只有 1 颗天然卫星，但不少国家已经向太空发射了人造地球卫星。

什么是日食？

当月球运行到太阳和地球中间时，会挡住太阳射向地球的光线，从而产生日食现象。如果地球运行到太阳和月球之间，就会挡住太阳射向月球的光线，从而形成月食现象。

满月

弦月

残月

新月

月球上的人

你听说过月球上的人吗？月球表面有一片阴影，有人认为它像男人的脸，有人认为它像女人的脸，还有人认为它像一只猫或者兔子。在中国古代神话传说中，月球上住着嫦娥仙子和月兔。

张弦月

卡里斯托，木卫四

泰坦星，土卫六

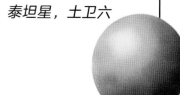

欧罗巴，木卫二

伊奥，木卫一

盖尼米得，木卫三

天然卫星

人造卫星一般是指环绕地球在空间轨道上运行的无人航天器，像月球这样围绕行星运行的天体则是天然卫星。土卫六又称泰坦星，是土星的最大卫星，也是太阳系中的第二大卫星，它还是太阳系中唯一拥有浓厚大气层的卫星。木星的卫星也非常特别，因为它们的表面各不相同：木卫一表面散布着活火山和熔岩；木卫二表面则比较光滑且结满了冰；木卫三是太阳系中体积最大的卫星，且是太阳系中已知唯一拥有磁圈的卫星；木卫四表面有密布的撞击坑，其中最大的撞击地形是多环盆地。

土卫一表面有1个巨大的陨石坑，被称为赫歇尔陨石坑。

地球的卫星：月球

除地球外，我们对太阳系中了解最多的天体就是月球。月球由岩石构成，上面既没有水，也没有空气。月球的表面有丘陵、山脉、平原和撞击坑。站在地球上观察月球，我们会发现它的形状是不断变化的，变化过程如左图所示。这个变化过程被称为月相，反映了月球自东向西移动时，与太阳和地球之间的相对位置的变化。

流星

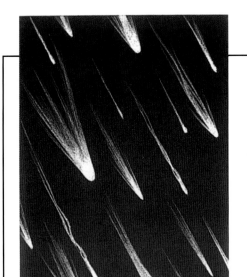

流星不是真正的星星，它们是星际空间物质与大气摩擦燃烧后产生的光迹。大部分流星在落到地表前就烧成灰烬了，少部分流星会变成陨石落在地面上。这种星际空间物质被称为流星体，一般包括宇宙尘粒和固体块等。流星体受行星引力摄动而进入大气层，与大气摩擦燃烧后就形成了流星这种天文现象。

小行星相互撞击时，会产生无数铁和岩石的碎片。

流星雨

流星雨是指夜空中有众多流星体从某一辐射点发射出来的天文现象。当地球穿过彗星留下的尘埃尾迹时，我们就能看到流星雨。1966年有一天晚上，短短20分钟内就出现了4.6万个流星体，这是有史以来规模最大的流星雨之一。

陨石

陨石是指降落在地球表面的星际空间物质，它实际上是一种没有燃烧殆尽的石质、铁质或者石铁混合的物质。通常，如果流星体的体积太大，无法在地球的大气层中完全燃烧，就会落到地面形成陨石。陨石撞击地表会形成巨大的凹痕，这就是陨石坑。

位于非洲纳米比亚的霍巴陨石是
已知最重的陨石，重量达到了60吨。

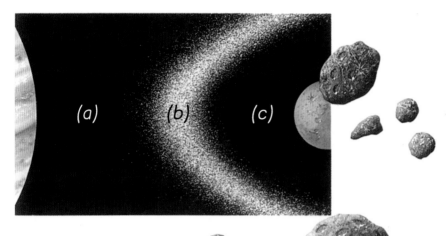

(a)　　　*(b)*　　　*(c)*

图中所示的是小行星带上
成千上万颗小行星的一部分。

(a) 木星
(b) 小行星带
(c) 火星

谷神星

什么是小行星带？

小行星是指围绕太阳运动，但体积和质量比行星小得多的天体。太阳系中有数百万颗小行星，其中超过98%的小行星都位于火星和木星轨道之间的区域，这里是小行星最密集的区域，因此被称为小行星带。谷神星曾经是太阳系中体积最大的小行星，直径超过900千米，但是2006年之后被划入了矮行星行列。

用望远镜看太空

太空中的大多数天体无法用肉眼直接观察，所以必须使用望远镜来观察。在观察行星等天体时，望远镜会收集天体反射出来的光线，然后使对应天体的形象变大。1699年，英国著名科学家牛顿发明了反射式望远镜。这种望远镜通过凹形的抛面镜来收集光线，然后将影像反射到镜筒前端的平面镜上。

位于美国亚利桑那州的陨石
坑形成于大约4万年前，宽度
超过1000米，深度约为183米。

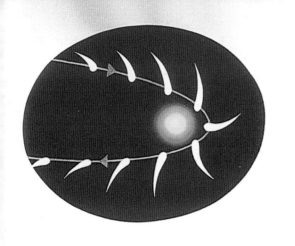

什么是彗星?

彗星围绕太阳运动,亮度和形状随着距离太阳的远近而变化。彗星远离太阳时,体积很小;接近太阳后,因太阳辐射而分解成彗头和彗尾,状如扫帚。宇宙中有无数彗星,目前检测到的就有1600颗。彗星并不都是太阳系的成员,有些彗星围绕太阳做周期性运动,有些彗星可能来自太阳系之外,只接近太阳一次,然后远离太阳回归茫茫的宇宙深处。

彗星的尾巴

彗星的后面拖着一条长长的"尾巴",由气体和尘埃组成。这条尾巴被称为彗尾,总是指向远离太阳的方向。当彗星越接近太阳时,体积就变得越来越大,亮度也越来越高。

哈雷彗星

哈雷彗星是最著名的彗星之一,它以英国天文学家埃德蒙·哈雷的名字命名,这位科学家于1682年第一次观察到哈雷彗星。哈雷彗星是一颗能用肉眼观察到的周期性彗星,每76年左右围绕太阳运动一圈。上一次从地球上看到哈雷彗星是1986年,预计2062年我们可以再次见到它。

埃德蒙·哈雷

1986年,欧洲航天局所发射的乔托号太空船以596千米的距离掠过哈雷彗星的核心,拍摄了数千张彗核的照片。

贝叶挂毯

　　贝叶挂毯是一件融合了绘画艺术的刺绣品，创作于 11 世纪，画面中记录了真实的历史事件黑斯廷斯战役。该挂毯长约 70 米，包含 70 多个场景，呈现了数百个人物、动物和其他物体。其中，有个场景的天空中出现了彗星，经过科学家计算之后，证明那颗彗星就是出现在 1066 年的哈雷彗星。

彗核

　　彗核是彗星中心的固体部分，通常由岩石、尘埃和冰冻气体组成。当彗星靠近太阳时，彗核周围的气体被升华或者点燃，成为环绕的大气层，也就是彗发。彗核的直径通常只有几千米，而彗发的直径可达数十万千米。

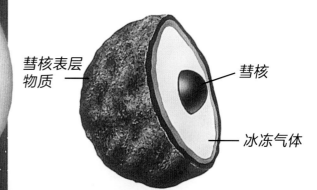

彗核表层物质

彗核

冰冻气体

探索太阳系

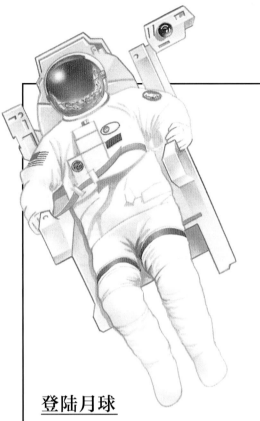

为了探索和了解太阳系，我们已经向太空发射了数千艘航天器。其中大多数都是无人航天器，由计算机和相关设备来控制。这些无人航天器包括人造卫星、空间探测器和货运飞船。有些无人航天器独自掠过遥远的行星，拍摄无数照片传回地球；有些无人航天器则会落脚在行星的表面，收集岩石样本或者研究天气状况。

登陆月球

1969 年 7 月，美国宇航员尼尔·阿姆斯特朗成为第一个踏上月球的人。

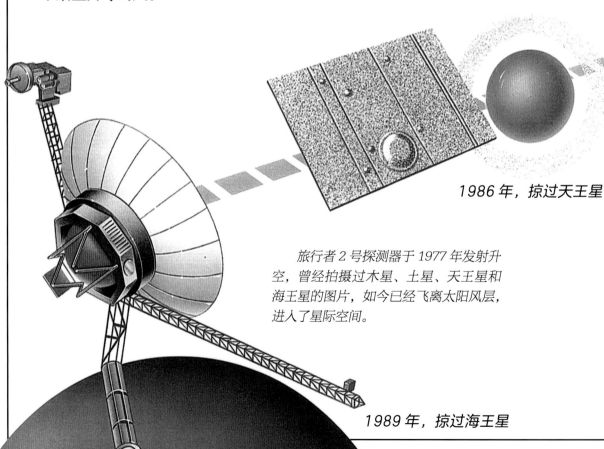

1986 年，掠过天王星

旅行者 2 号探测器于 1977 年发射升空，曾经拍摄过木星、土星、天王星和海王星的图片，如今已经飞离太阳风层，进入了星际空间。

1989 年，掠过海王星

维京号探测器

1975 年，美国先后向火星发射了 2 个维京号探测器。探测器试图通过收集和研究火星表面的岩石和土壤，来分析这个星球中是否存在生命体。最后，科学家证明火星上并没有生命体。除此之外，维京 1 号和维京 2 号还向地球传回了火卫一和火卫二的图片。

1981 年，掠过土星

1979 年，掠过木星

1977 年，离开地球

织女星空间探测器

制作气球火箭

吹起一个长气球，然后把它扎紧避免泄气。接着用胶带在气球上面绑一根吸管，拿出一根尼龙绳穿过吸管，并把尼龙绳的两端分别系在不同的家具上面。系好之后，松开气球的扎口让气体喷出来，接着你就可以看到"火箭"起飞啦！

空间探测器

空间探测器又叫航天探测器或者宇宙探测器，可以在太空中长期飞行，并且具备自主导航的能力。1962 年，水手 2 号成功掠过金星，并因此成为第一个接近其他行星的探测器。苏联的空间探测器织女星 1 号和织女星 2 号都进入了金星的大气层。20 世纪 70 年代开始，先驱者 10 号、先驱者 11 号、旅行者 1 号和旅行者 2 号先后被发射到了太空中，它们都曾到达了太阳系的边缘，且迈入了星际空间，飞向了宇宙深处。

夜空

你看到了什么？

你站在地球上望向夜空，其中亮度最高的那颗行星就是金星。日落的时候，人们叫它"长庚星"；黎明的时候，人们叫它"启明星"。火星的颜色偏红，人们叫它"荧惑星"。通常你用肉眼就可以看到这些行星，如果使用望远镜，你就能看到这些行星的更多细节哟！

你知道晚上怎样在天空中找到行星吗？首先，你应该选择在一个晴朗的黑夜里进行观察。那时候，你会看到数百颗星星在夜空中闪烁，其中就有我们要找的行星。行星体积很大，距离地球也比较近，所以它们反射出的光芒比一般星星更亮更稳定。而且，你最容易在夜空中看到的行星就是金星、火星、木星和土星。

21

1623 年，意大利天文学家伽利略因为宣扬日心说而被判入狱。

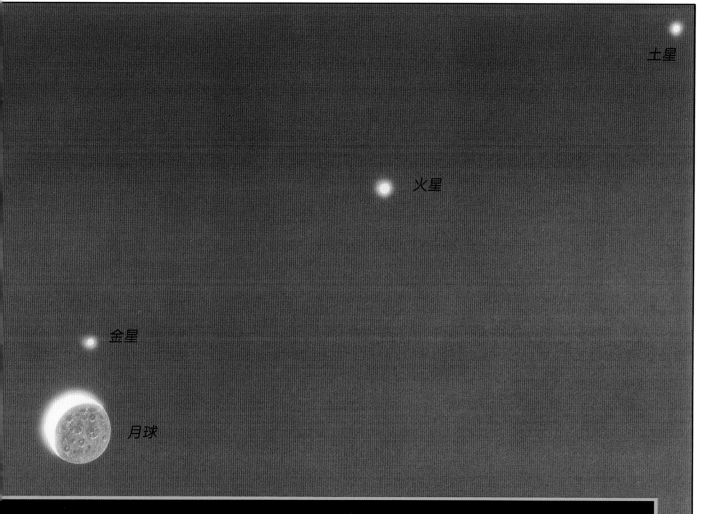

土星

火星

金星

月球

星星的形状

　　我们站在地球上望向夜空，可以看到某些恒星组合成了特定的形状，把这些形状与神话传说中的人或物结合起来，就形成了星座。在北半球，我们看得最清楚的星座是猎户座（见左图）和大熊座（见右图）。在猎户座中，有3颗明亮的星星连成一条线，就像猎人的腰带一样。在南半球，4颗明亮的星星组成了著名的南十字星座。当然，你在南半球也能看到大熊座和猎户座，不过它们和你在北半球时看到的样子正好是颠倒的。

22

行星的真相

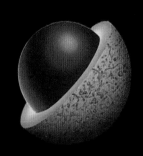

金星

与太阳的距离：1.08 亿千米

直径：1.2 万千米

卫星数量：0 颗

公转周期：约 225 天

内部构造：岩石球体，铁核

表面温度：465~485 摄氏度

地球

与太阳的距离：1.5 亿千米

直径：约 1.3 万千米

卫星数量：1 颗

公转周期：约 365 天

内部构造：岩石球体，金属内核

表面温度：15 摄氏度

水星

与太阳的距离：5800 万千米

直径：4878 千米

卫星数量：0 颗

公转周期：约 88 天

内部构造：岩石球体，铁核

表面温度：−173~427 摄氏度

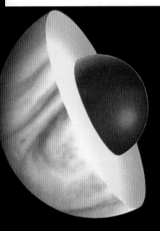

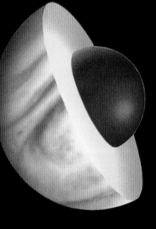

太阳
水星
金星
地球
火星
小行星带
木星
土星
天王星
海王星
冥王星

火星

与太阳的距离：2.28 亿千米

直径：6794 千米

卫星数量：2 颗

公转周期：687 天

内部构造：岩石球体，含铁内核

表面温度：−63 摄氏度

木星

与太阳的距离：7.78 亿千米

直径：约 14.3 万千米

卫星数量：79 颗

公转周期：11.86 年

内部构造：小型岩石内核，外
围是液体和气体

表面温度：−168 摄氏度

天王星

与太阳的距离：28.75 亿千米

直径：约 5.11 万千米

卫星数量：27 颗

公转周期：约 84 年

内部构造：岩石内核，外围
是气体

表面温度：−197.2 摄氏度

土星

与太阳的距离：14.29 亿千米

直径：12 万千米

卫星数量：82 颗

公转周期：约 30 年

内部构造：小型岩石内核，外围
是气体和液态气体

表面温度：−191.15~130.15 摄氏度

海王星

与太阳的距离：44.97 亿千米

直径：4.95 万千米

卫星数量：14 颗

公转周期：164.9 年

内部构造：金属内核，外围
是气体

表面温度：−214 摄氏度

冥王星 （已被排除出行星行列）

与太阳的距离：59.13 亿千米

直径：约 2300 千米

卫星数量：5 颗

公转周期：248 年

内部构造：由岩石和冰组成的
球体

表面温度：−229 摄氏度

太阳系小测验

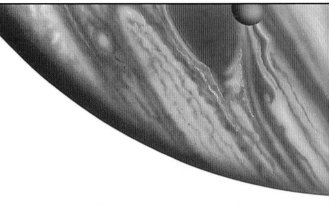

通过阅读本书，你对太阳系的了解增加了多少呢？你还记得什么是流星吗？哪个行星拥有 27 颗卫星呢？下面是一系列关于太阳系的小测验，你可以测试一下自己学到了多少知识。书中的图片线索应该能帮助你找到正确答案。你也可以用这些题目来测试一下朋友和家人。以下所有题目的答案都可以在本书的相应页面中找到，祝你好运！

（1）哪个行星的表面有大红斑？

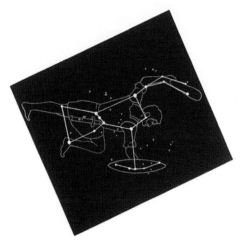

（2）小行星带位于什么位置？

（3）1986 年，哪个航天探测器传回了哈雷彗星的图片？

（4）谁是第一个登上月球的人？

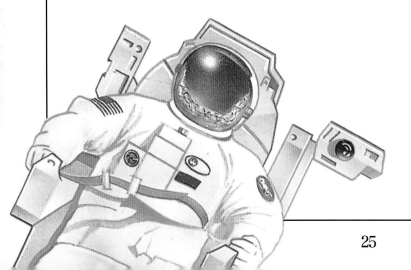

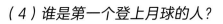

（5）上图这个星座的名字是什么？

（6）我们所在的这个星系叫什么名字？

（7）什么是红巨星？

（8）泰坦星是哪个行星的卫星？

（9）太阳系中的哪个星球
被从行星行列中除名了？

更多奇趣真相

夏威夷**30 米望远镜**的观测范围是肉眼的 2 亿倍，能够看到距离地球 130 亿光年的地方。

金星的温度很高，比地球上最热地方的温度还要高 8 倍。

月球上最大的环形山是**贝利陨石坑**，可以容纳下整个比利时。

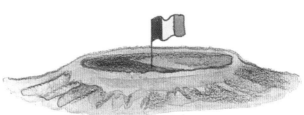

土星的质量非常小，可以浮在水面上。

月海上没有水，它实际上是月球表面的低洼平原。

有家建筑公司曾计划 2020 年之前在太空中建造一家**旅馆**。

2010 年 1 月 15 日，地球上发生了目前最久的**日食**现象，持续时间达到 11 分 8 秒。

术语汇编

矮行星

又称侏儒行星，近似圆球形状，体积在行星和小行星之间，无法清空轨道上的其他天体，围绕恒星运转，且不是卫星。

棒旋星系

一种由棒状结构贯穿星系核的旋涡星系，核心常为一个大质量的快速旋转体。

赤道

一般指地球表面的点随地球自转产生的轨迹中周长最长的圆周线，赤道把地球分为了南半球和北半球，所以赤道也是地球上最长的纬线。本书对赤道的含义做了延伸，也指其他行星的自转轨迹中周长最长的圆周线。

磁圈

木卫三上的磁圈可能是由富含铁的流动内核在对流运动过程中产生的，其中的少量磁圈与木星上的庞大磁场相互交叠，从而产生了向外扩散的场线。

大黑斑

是指海王星上的反气旋风暴，大小与地球近似，是海王星被甲烷覆盖时产生的一个洞孔，类似地球上的臭氧洞。

大红斑

木星表面的特征性标志，是木星上的最大风暴气旋，数百年来改变了颜色和形状，但从来没有消失过。

公转

一个天体围绕另一个天体转动就叫公转。在太阳系中，行星围绕太阳公转，卫星围绕某个特定行星公转。

红巨星

恒星燃烧到后期时，会经历一个较短的不稳定阶段，这时恒星的表面温度很低，体积巨大且极为明亮，因此被称为红巨星。

彗核

彗星中心的固体部分，核心是由岩石、尘埃和冰冻的气体组合成的。

极地冰帽

一种外貌与大陆冰盖相似，而规模比它小的穹形冰雪地貌，一般为大陆冰盖和山岳冰川的过渡类型。书中的极地冰帽是指位于火星极地地区的冰雪地貌。

太阳风层

在太阳驻点边缘之内的空间，包括太阳与整个太阳系的空间。

外太空

是指地球稠密大气层之外的空间区域，简称为太空，一般定义为距离地球表面100千米之外的空间，也被称为宇宙空间。

卫星

是指围绕行星做周期性闭合运动的天然天体。气体行星的卫星一般比较多，目前地球也有不少人造卫星。

银心

银河系的中心点，也就是银河系的自转轴与银道面的交点。有时也指银河系的中心区域，是一个很亮的球状凸出部分，直径约为2万光年，证据表明银心中可能存在一个巨大的黑洞。

版权登记号：01-2020-4540

图书在版编目（CIP）数据

奇趣真相：自然科学大图鉴.8,太阳系/（英）简·
沃克著；(英)安·汤普森等绘；蒋慧译. -- 北京：
中国人口出版社，2020.12
书名原文：Fantastic Facts About:The Solar
System
ISBN 978-7-5101-6448-4

Ⅰ.①奇… Ⅱ.①简… ②安… ③蒋… Ⅲ.①自然科
学 – 少儿读物②太阳系 – 少儿读物 Ⅳ.①N49②P18-49

中国版本图书馆 CIP 数据核字 (2020) 第 159303 号

奇趣真相：自然科学大图鉴
QIQÜ ZHENXIANG：ZIRAN KEXUE DA TUJIAN

太阳系
TAIYANGXI

[英] 简·沃克◎著

[英] 安·汤普森　贾斯汀·皮克　大卫·马歇尔　等◎绘

蒋慧◎译

责 任 编 辑	杨秋奎	
责 任 印 制	林　鑫　单爱军	
装 帧 设 计	柯　桂	
出 版 发 行	中国人口出版社	
印　　　刷	湖南天闻新华印务有限公司	
开　　　本	889 毫米 × 1194 毫米　　1/16	
印　　　张	16	
字　　　数	400 千字	
版　　　次	2020 年 12 月第 1 版	
印　　　次	2020 年 12 月第 1 次印刷	
书　　　号	ISBN 978-7-5101-6448-4	
定　　　价	132.00 元（全 8 册）	

网　　　址	www.rkcbs.com.cn
电 子 信 箱	rkcbs@126.com
总编室电话	（010）83519392
发行部电话	（010）83510481
传　　　真	（010）83538190
地　　　址	北京市西城区广安门南街 80 号中加大厦
邮 政 编 码	100054